U0149783

软装风格设计资料集

北欧风格

李江军　编

中国电力出版社
CHINA ELECTRIC POWER PRESS

内 容 提 要

本系列书分为三册,内容包括当前非常热门的三种家居装饰风格,即北欧风格、轻奢风格、新中式风格,深受业主们的喜爱。本系列以图文结合的形式,每册书精选600余个设计案例并加以分析,以实战案例深入讲解装饰手法,更便于读者参考。

图书在版编目(CIP)数据

软装风格设计资料集. 北欧风格 / 李江军编. —北京:中国电力出版社,2020.1
ISBN 978-7-5198-3854-6

Ⅰ. ①软… Ⅱ. ①李… Ⅲ. ①住宅 – 室内装饰设计 – 图集 Ⅳ. ① TU241-64

中国版本图书馆 CIP 数据核字(2019)第 250059 号

出版发行:中国电力出版社
地　　址:北京市东城区北京站西街 19 号(邮政编码 100005)
网　　址:http://www.cepp.sgcc.com.cn
责任编辑:曹　巍　(010-63412609)
责任校对:黄　蓓　马　宁
版式设计:锋尚设计
责任印制:杨晓东

印　　刷:北京瑞禾彩色印刷有限公司
版　　次:2020 年 1 月第一版
印　　次:2020 年 1 月北京第一次印刷
开　　本:889 毫米 ×1194 毫米　16 开本
印　　张:11
字　　数:303 千字
定　　价:68.00 元

前言

在室内设计中，所有的装饰风格均由一系列特定的硬装特征和软装要素组成。任何室内装饰风格都不是死板僵硬的模板和公式，而是在设计思路上提供一个方向性的指南。因此，在设计时还应结合空间特点以及居住者的喜好及习惯，为室内装饰提供更多的灵感来源。本书对广泛流行于国内的新中式风格、北欧风格及轻奢风格三个软装风格，进行了广泛而深入地剖析，帮助设计师及业主了解并区分每个风格的设计特点以及文化内涵。

新中式风格是在传统中式风格基础上演变而来的，空间装饰多采用简洁、硬朗的直线条。例如在直线条的家具上，局部点缀富有传统意蕴的装饰，如铜片、铆钉、木雕饰片等。材料上在使用木材、石材、丝纱织物的同时，还会选择玻璃、金属、墙纸等工业化材料。

北欧风格的主要特征是极简主义及对功能性的强调。在北欧风格的空间里，不会有过多的修饰，有的只是干净的墙面及简单的家具，再结合粗犷线条的木地板，以最为简单纯粹的元素营造出干净且充满个性的家居空间。在空间格局方面，强调室内空间宽敞、内外通透，以及自然光引入，并且在空间设计中追求流畅感。顶面、墙面、地面均以简洁的造型、纯洁的质地、细致的工艺为主要特征。

轻奢风格的硬装设计简约、线条流畅，不会采用过于浮夸复杂的造型设计，而是通过后期的软装设计来体现其风格设计的特征。由于轻奢风格在硬装造型上，讲究线条感和立体感，因此在背景墙及吊顶的设计上，通常会选择简约的线条作为装饰。在设计墙面时，常搭配金属、硬包、大理石、镜面及护墙板等材料，使整体空间显得更加精致。

本套书共分为《新中式风格》《北欧风格》《轻奢风格》三册。书中引入了大量国内外精品案例，并以图文并茂的形式，对三种风格的装饰特征、设计元素、材料应用、配色设计、软装陈设进行了深度地剖析。本书内容通俗易懂，摒弃了传统风格类图书诸多枯燥的理论，以图文结合的形式，将软装风格的特点和细节展现得淋漓尽致。因此，即使对没有设计基础的业主或刚入门的室内设计爱好者来说，阅读完本套丛书以后，也可以对这三类软装风格的基础知识有较为全面地了解。

目录

CHAPTER

北欧风格
装饰特征

北欧风格的室内空间通常不会做过多的固定式硬装，因为对于北欧风格来说，装修并不是主角，如何利用软装营造出简单、随性舒适的氛围才是关键。在北欧地区很多房子都使用砖墙，极富怀旧风情与历史气息。由于北欧地区的雨雪天气较多，为了防止积雪压塌房顶，其建筑都以尖顶、坡顶为主，而且室内常见原木制成的梁、檩、椽等建筑构件。此外，在空间装饰图案方面，顶、墙、地三个面，一般不用纹样和图案装饰，而是用简单的线条以及色块进行点缀。

北欧风格源于北欧地区，由于北欧地区靠近北极寒冷地带，不仅可用于家居设计的原生态自然资源十分丰富，而且其空间设计搭配有着独特的传统和气质。此外，北欧风格的形成还与《詹特法则》密切相关，《詹特法则》是北欧人重要的基本生活观念及不成文的行为规范，它指的是轻视任何浮夸的元素及对于物质成就的炫耀，并以节制所练就的美感彰显家居空间优雅与简洁的特质。

北欧风格的主要特征是极简主义及对功能性的强调，属于功能主义的家居设计范畴。但是与欧洲其他国家的现代主义设计艺术相比，北欧风格融合了自己的文化特征，并且充分利用了北欧地区的自然环境和设计资源，形成独具特色及人情味的家居设计语言。在 20 世纪 20 年代，北欧设计师将北欧风格的多面性设计哲学，融入到了现代家居设计中，随后受到重视并得以广泛流行。

北欧家居善用软装布置营造出一种简洁自然、随性舒适的氛围。

尖顶与原木装饰梁是北欧风格空间常见的建筑特征。

北欧家居的硬装一般不用纹样和图案装饰，而是以简洁的线条及色块点缀。

强调空间的通透感是北欧家居的主要特点之一。

北欧风格注重对自然的表现，尽量保持材料本身的自然肌理和色彩。

由于北欧地区气候寒冷，人们长期生活在室内，造就了他们丰富且熟练的民族工艺传统。简单实用、就地取材及大量使用原木与动物的皮毛，是早期北欧风格室内设计的特点。此外，北欧风格的家居设计注重人与自然、人与环境的有机结合，常以木质家具为主导，并摒弃了复杂浮夸的设计，崇尚回归自然、返璞归真的精神。

北欧家居强调室内通透，最大限度引入自然光。

大量使用原木作为空间的主要要素。

在软装搭配上，北欧风格对手工艺传统和天然材料都有着尊重与偏爱，而且在形式上更为柔和与自然，因此有着浓厚的人情味。虽然现代工业化不断发展，北欧风格还是保留了自然、简单、清新的特点，不过，其空间设计形式还在不断地发展。现如今的北欧风格家居设计已不再局限于当初的就地取材，工业化的金属材料及新材料也逐渐被应用到北欧风格的家居空间中。在时代的进程中，北欧人与现代工业化生产不仅没有形成对立，而且还采取了包容的态度，因此很好地保障了北欧风格的特性及人文情怀。

工业化金属与自然材质形成质感上的碰撞。

裸露的砖墙散发着怀旧质朴的乡土气息。

水泥背景墙以粗犷的质感诠释工业时尚的魅力。

大面积白色的运用满足北欧家居对于采光的需求。

北欧现代风格

北欧现代风格的室内空间在石木结构的基础上，增加了新元素的搭配与运用，整体视觉效果较为现代。同时，其空间设计融合了传统北欧风格的实用主义及现代美学设计，并且强调自动化及现代化的设施，如视听功能、现代风格的多功能家具及家用电器等，美观的同时，十分符合现代人的使用习惯。北欧现代风格在家具形式上，以圆润的曲线和波浪线代替了棱角分明的几何造型，呈现出更为强烈的亲和力。在色彩上，常以白色作为基础色，搭配浅木色及高明度和高纯度的色彩加以点缀，让家居空间显得简朴而现代。由于北欧现代风格的空间整体结构简单实用，没有过多的造型装饰，因此需要搭配布艺、装饰画、艺术品等元素，以提升家居空间的装饰效果。

抽象图案装饰画提升空间的灵动感。

简洁的几何线条勾勒出空间的品质感。

利用布艺的几何图案缓和纯色空间的冷清感。

黄铜金属元素的局部点缀。

形成强烈视觉冲击的黑白配色。

运用玻璃隔断制造空间的通透感。

北欧乡村风格

北欧乡村风格十分注重家居空间与外部环境的融合，因此常将室外自然景致作为室内空间的装饰元素，让家居空间与大自然形成完美的融合。在材质搭配上，常见源于自然的原木、石材及棉麻等元素，并且重视传统手工的运用，尽量保持材料本身的自然肌理和色泽，以突出其风格的特点。贴近自然是北欧乡村风格卧室空间装饰的一大特色，因此可以考虑搭配一些手工艺编织的地毯和手工收纳筐，以体现出乡村风格的特色与人文之美，并让室内空间更为自然闲适。在软装饰品搭配方面，陶艺工艺品、藤编摆件和挂件及北欧风景装饰画等都是不错的选择。

传统手工制作的原生态木质饰品。

表现粗犷质感的天然石材墙面。

自然材质的灯具与家具相呼应。

清新自然的绿色系与原木色的组合。

大面积运用源于自然的原木材料。

北欧工业风格

在北欧工业风格中，随处可见裸露的管线，不加以修饰的墙壁，粗陋的空间设计以及陈旧的主题结构，这些都是最为常见的表现手法。还可以运用艺术手法来打造北欧工业风格的装饰细节，比如北欧工业风格的墙面大多会保留原有建筑材质的容貌，因此在裸露的砖墙上绘以大胆的几何图形、壁画、抽象绘画等，完美地将冰冷乏味的墙面打造成一个充满个性的区间。由于北欧工业风格冷峻、硬朗而又充满个性，因此其室内空间一般不会选择色彩感过于强烈的颜色，而会尽量选择中性色或冷色调为主调，如原木色、灰色、棕色等。如果担心空间过于冰冷，可以考虑将红砖墙列入色彩设计的一部分。

未经任何装饰的裸露砖墙。

好室设计

充满自然野性之美的动物皮毛地毯。

原始水泥墙面表现工业风的复古感。

表面经过做旧处理的圆顶灯。

裸露在外的水电线和管道线。

做旧的原木搭配铁质桌腿。

在北欧风格的空间里，不会有过多的修饰，有的只是干净的墙壁及简单的家具，再结合粗犷线条的木地板，以最为简单纯粹的元素营造出干净且充满个性的家居空间。在空间格局方面强调室内空间宽敞、内外通透，以及最大限度地引入自然光，并且在空间设计中追求流畅感，顶面、墙面、地面均以简洁的造型、纯净的质地、细致的工艺为主要特征。

简单几何线条在北欧风格的家居空间中较为常见。用几种简单的横竖几何线条，就能轻而易举地改变家居风格，并让空间拥有

铁艺、原木以及石材等自然属性较强的材质，让家居空间显得更为淳朴自然。

大面积的窗户结合顶面的老虎窗，给空间提供充足的自然采光。

独一无二的轮廓线，使之焕然一新。此外几何线条还能勾勒出空间的品质感，无论是单独运用还是多处点缀搭配，都能展示出北欧风格家居空间的率性与干练，而且还诠释出了北欧风格家居装饰的态度。简单别致的线条交织穿插，充满设计感，因此无须华丽的点缀，也能尽显北欧风格的优雅风度。

北欧风格的家居非常注重采光，由于北欧地区处于北极圈附近，因此光照并不充裕，日照时间也短，为了在北欧漫长的冬季也能有良好的光照，大多数北欧风格的房屋选择了大扇的窗户或者落地窗。也正是因为有了大面积的采光，北欧风格的家居环境才不会因为大面积浅色调的运用而显得压抑沉闷。

简单几何线条的交织穿插，勾勒出独一无二的轮廓感与空间感。

做旧工艺的木梁呼应北欧风格空间重视呈现自然美感的主题。

裸露的砖墙与带有天然节疤的木质吊顶一起增加空间的自然气息。

CHAPTER

北欧风格
设计元素

北欧风格的家居设计源于日常生活，因此，在空间结构及家具造型的设计上都以实用功能为基础。比如大面积的白色运用、线条简单的家具及通透简洁的空间结构设计，都是为了满足北欧家居对于采光的需求。除实用功能外，北欧风格还善于利用材料自身的特点，展现简约的设计美感，以及以人为本的设计理念。此外，北欧风格的家居装饰还体现出了对传统元素的尊重、对天然材料的欣赏及对空间装饰的理性与克制，并且在形式和功能上力求统一，表达出了现代家居绿色环保及可持续发展的设计理念。

01
色彩应用

北欧风格

北欧地处北极圈附近，不仅气候寒冷，有些地方甚至还会出现长达半年之久的极夜。因此，北欧风格经常会在家居空间中使用大面积的纯色，以提升家居环境的亮度。在色相的选择上偏向如白色、米色、浅木色等淡色基调，给人以干净明朗的感觉。北欧风格的墙面一般以白色、浅灰色为主，地面常选用深灰、浅色的地板作为搭配。一些高饱和度的纯色，如黑色、柠檬黄、薄荷绿等则可用来作为北欧家居中的点缀色，制造出让人眼前一亮的感觉。

黑白色的组合被誉为永远都不会过时的色彩搭配，而北欧风格延续了这一法则。在北欧地区，冬季会出现极夜，日照时间较短。因此阳光非常宝贵，而居室内的纯白色调，能够最大程度地反射光线，将这有限的光源充分利用起来，形成了美轮美奂的北欧装饰风格。黑色则是最为常用的辅助色，常见于软装的搭配上。黑白分明的视觉冲击，再用灰色来做缓冲调剂，让白色的北欧家居不会显得太过于单薄。

大面积的浅色系可以更好地提亮空间，并且给人一种平和恬静的感觉。

寓子设计

黑白色的运用具有强烈的视觉冲击感，也是北欧风格家居常用的经典配色组合之一。

北欧风格家居注重人与自然的有机结合，不同层次的绿色系给空间带来清新自然的气息。

原木色是北欧家居常见的色彩之一，适合营造出更为温润舒适的氛围。

局部运用高纯度色彩作为点缀色，增加北欧空间的层次感和亮度。

02 家具特征

北欧家具的线条十分简约优美，自然有机的曲线设计，朴实又实用，外形虽不花哨，却非常美观实用。北欧人习惯就地取材，常选用桦木、枫木、橡木、松木等木料，不精细加工，尽量将木材与生俱来的木质纹理、温润色泽和细腻质感完全地融入家具中。在颜色上也不会选用太深的色调，以浅淡、干净的色彩为主，最大限度地展现出了北欧风格自然温馨的浪漫气息。随着现代工艺的进步，北欧家具也会使用如玻璃、塑料、纤维等现代材料，并且在颜色搭配上也更为灵活，以多元的家具设计风格得到了更多年轻人的青睐。

北欧风格的家具设计搭配没有装饰主义的华丽，一般以简洁的原则为主要的表现手段。如可以搭配简约风格的茶几、小方桌以及布艺沙发，让家居空间弥漫着自然清爽的气息。除此之外，还可以搭配造型简单的收纳柜，不仅能起到收纳作用，而且与空间中的简约元素相呼应，将北欧风格的简约气质展现到极致。

北欧风格家具通常将各种实用的功能融入简洁的造型中。

北欧风格家具强调与人体接触的曲线准确吻合。

北欧风格家具中自然有机的曲线设计显得简洁优美。

百仕合装饰设计

铁木结合的家具。

贴近自然的原木色家具。

孔雀椅	孔雀椅是丹麦著名的设计师汉斯维纳设计，它具有后现代主义的仿生特征，由于其椅背形似孔雀，因而得名。孔雀椅的灵感源泉是 17 世纪流行于英国的温莎椅，经过独特创新的思维，将其重新定义并设计出更为坚固的整体结构	
中国椅	由汉斯·瓦格纳在 1949 年设计，灵感来源于中国圈椅，从外形上可以看出是明式圈椅的简化版，唯一明显的不同是下半部分，没有了中国圈椅的鼓腿彭牙、踏脚枨等部件，符合其一贯的简约自然风格	
蚂蚁椅	蚂蚁椅是丹麦著名设计师 Arne Jacobsen 的代表作，因其形状酷似蚂蚁而得名。早期的蚂蚁椅是三条腿的设计，为了增加使用时的稳定性，现在一般会将其设计成四条腿	
贝壳椅	贝壳椅是丹麦大师 Hans J. Wegner 的经典代表作之一，椅座和椅背的设计形似拢起的贝壳，由于其优美的弧度能轻柔地包裹身躯，因此还可以起到缓解疲劳的作用	
伊姆斯椅	伊姆斯椅是由美国设计师伊姆斯夫妇于 1956 年设计的经典餐椅。伊姆斯椅的设计灵感来自法国的埃菲尔铁塔，整体利用弯曲的钢筋和成形的塑料制造，外形优美，功能实用，因而广受欢迎	
Paimio 椅	卷形椅背和椅座是由一整张桦木多层复合板制成，椅腿和扶手也是由桦木多层复合板制成。整体结构流畅优美，而且开放式的框架曲线十分柔和	

壶椅	从整体结构来看，壶椅是一张极具包容性的椅子。壶椅的椅座形如一个壶斜切后的下半部分，其四角支架与蚁椅相似。支架金属材质的光泽与上半身壶座的织物形成鲜明对比，并且大小比例处理得十分完美	
蛋椅	蛋椅采用了玻璃钢的内坯，外层是羊毛绒布或者意大利真皮，内部则填充了定型海绵，增加了使用时的舒适度，而且耐坐不变形。此外，还加上精心设计的扶手与脚踏，使其更具人性化	
球椅	球椅是由芬兰著名的设计师艾洛·阿尼奥所设计，其结构简单，上边是半球造型，下面则是旋转的支撑脚，因此可360°旋转。球椅不仅在外观上独具个性，而且能为家居空间营造出舒适、安静的氛围	
Y形椅	Y形椅由椅子设计大师Hans J. Wegner设计，其名字源于其椅背的Y字形设计。此外，Y形椅的设计还借鉴了明式家具，其造型轻盈且优美，因此不仅实用还非常美观	
天鹅椅	天鹅椅于1958年由丹麦设计师雅各布森所设计，其流畅的雕刻式造型与北欧风格的传统特质结合，展现出了简约时尚的生活理念	
潘顿椅	潘顿椅是全世界第一张用塑料一次模压成型的S形单体悬臂椅，因此也被称作美人椅。潘顿椅的外观时尚大方，有着流畅大气的曲线美，而且其色彩十分艳丽，具有强烈的雕塑美感	

03
灯饰
照明

北欧风格

　　完美的灯饰搭配能在很大程度上提升北欧风格的家居品质。北欧风格的空间除了喜用大窗增加采光外，还会在室内照明的规划上，通过吊灯、台灯、落地灯、壁灯、轨道灯等灯饰的混合搭配，让居住空间产生暖意和明亮的感觉。用于设计北欧风格灯饰的材质十分丰富，常见的有纸质、金属、塑料、木质、玻璃等。灯饰在造型上虽然不会过于夸张，但却能成为家居空间中的视觉焦点。

　　北欧风格的家居空间素淡雅致、简约并富有内涵，在这样的空间里，可以搭配一些带有年代感的经典灯饰，以提升整体家居空间的质感。北欧风格空间常常会出现很多几何元素，连灯饰也不例外，例如将一根根金属连接铸造成各种几何形状的灯具，并在中间镶嵌一盏白炽灯，呈现出低调简约的北欧风情。

PH5 吊灯是北欧风格空间经典的灯饰款式之一。

自然材质的灯饰透露出一种原生态的气质。

大也国际空间设计

高低错落悬挂且色彩形成对比的灯饰造型起到活跃空间的作用。

做旧质感的吊灯充满浓郁的工业复古气息。

PH5 吊灯	PH5 吊灯有着丹麦设计中典型的简约与极致，圆润流畅的线条和质感，散发着迷人的气质。因此即使是在色彩上搭配了单一的纯色，也能为家居空间增添神秘且静谧的氛围	
Beat 吊灯	Beat 系列吊灯有后现代工业的气质，其铁艺灯罩以及黑色的外部表面，能与温暖的灯光形成完美的对比。Beat 吊灯适用于餐厅或者吧台等区域，圆形的垂线型灯饰无论是单独使用还是组合使用，都能成为空间里的视觉焦点	
魔豆吊灯	魔豆吊灯的设计灵感来源于蜘蛛，由众多圆形小灯泡组合起来，铁艺与玻璃的组合带来独一无二的美丽，同时灯罩具有通透性，使用者也可以轻易调节光线照射的方向，为空间创造惊喜和美感	
极简 球形灯	极简球形灯具可以说是把极简主义发挥到极致。由一根或直或弯的黄铜色支架，以及一个乳白色的吹制玻璃球所组成的几何美感让人无法抗拒。随便放在家里的小角落，既能发散出暖黄色的温馨灯光，又能制造出黄铜华丽的高级感	

树杈形 吊灯	树杈形吊灯一般由手工制作而成，其外观呈不规则的立体几何结构，以铝混合亚克力的材质制作而成。树杈形吊灯不仅结构线条清晰，而且衔接角的立体感十足，因此即使在白天不开灯时，也能制造出时尚而又美观的装饰效果	
Coltrane 吊灯	Coltrane 吊灯呈现着浓郁的极简主义与工业气息，竹筒的造型可通过调整，让吊灯呈现不同的倾斜角度，形成丰富的装饰效果。虽然每个灯柱都独立存在，但又能够相互结合成为一个整体，让光线拥有更多的展现空间	
Slope 吊灯	Slope 系列灯具由意大利家具品牌 Miniforms 和米兰设计师 Stefan Krivokapic 合作设计。Slope 吊灯的主干一般用实木制成，灯罩由黄白灰三种颜色组成，造型也各有不同，三个灯罩的组合为北欧风格的家居空间带来了活泼的气氛	
AJ 系列灯	AJ 系列灯具于 1957 年由丹麦设计大师 Arne Jacobsen 设计，在整个北欧风格的灯饰中占有极其重要的地位。AJ 系列的灯具包括了台灯、壁灯、落地灯，一般采用铝合金制作，其有棱有角的造型，简洁并极具设计感	

布艺织物

北欧风格

布艺织物是北欧家居的装饰主角，想要打造一个北欧风格的空间，需要精心地搭配窗帘、地毯、床品以及抱枕等软装布艺，并通过巧妙的色彩以及材质的选择，让空间更具美感。北欧风格的布艺织物在材料的选择上偏向于自然感较强的元素，在色彩搭配上也以简约清新为主。在设计窗帘时，如果觉得使用纯色会过于单调，但又不喜繁杂的设计，那么可以尝试一下拼色窗帘，无论是上下拼色还是左右拼色，都能产生使人眼前一亮的装饰效果。

图案繁复的彩色地毯为略显清冷的北欧风格空间带来温暖舒适的感觉。

北欧风格空间常见纯色窗帘，并且在色彩上注重与其他软装布艺形成呼应。

火烈鸟图案的抱枕是北欧风格空间出现频率较高的装饰元素之一。

在布艺设计中融入装饰图案是现代家居设计的发展方向。在北欧风格的布艺设计中，传统图腾、花卉图案、条纹等都较为常用，也可常见动物元素，如充满北欧民族风情的麋鹿图案、鸟类图案等。由于几何图案简约时尚理性，完全吻合北欧风格的家居设计理念，因此在北欧风格的家居布艺织物上，搭配以活泼个性的几何图案，能完美地起到点亮空间的作用。

灰色系窗帘十分百搭，同样适用于北欧风格家居。

无论是直线、斜线还是北欧风格中常见的菱形，几何图案地毯的秩序感与形式美都可以呼应并强化整体空间的简洁特征。

纯色或带有几何纹样的床品体现北欧风格空间简洁质朴的特征。

北欧风格的家居装饰秉承着以少见多的理念，常以精妙的饰品加上合理的摆设将现代时尚设计思想与传统北欧文化相结合，既强调了实用需求又传承了人文情怀，使室内环境产生一种富有北欧风情的家居氛围。北欧风格的家居空间自然清新，常以植物盆栽、蜡烛、玻璃瓶、线条清爽的雕塑进行装饰。此外，围绕蜡烛而设计的各种烛灯、烛杯、烛盘、烛托和烛台也是北欧风格家居里的一大装饰特色，它们可以应用于任何房间，为家居空间营造出温暖舒适的气氛。

粉色的火烈鸟在抬头与低头间尽显优雅之气，一直深受北欧风家居软装搭配的偏爱。

利用墙面的铁丝网架悬挂家庭日常照片，增加空间的生活氛围。

用壁毯来减少北欧风格带来的清冷孤傲，为空间注入源源不断的温柔气质。

玻璃材质不仅通透轻盈，而且其艺术造型也非常丰富，因此非常适合运用在追求清新气质的北欧风格空间中。常见的玻璃材质元素有玻璃花瓶、杯盘、工艺品、玻璃烛台、玻璃酒杯等，摆放在家中任何一个需要点缀的地方，都能将北欧风格的家居空间点缀得清新宜人。由于玻璃的种类繁多，而且在家居中的适用性也很广，因此使用玻璃饰品装点家居时，应根据整体空间的特点进行布置。

北欧风格对手工艺传统和天然材料都有着尊重和偏爱，空间中常见各类木器摆件。

北欧风格空间适合选择纯色的陶瓷摆件作为空间的点缀装饰。

CHAPTER

北欧风格
材料应用

北欧风格有着亲近自然、追求舒适的特点，在空间上注重人与自然有机科学的结合，在材料的使用上体现出了绿色设计、环保设计的现代理念，并对天然材料有着极大的偏爱，因此，会常用到浅色且未经精细加工的原木材质，并且会保留木材的原始色彩和质感。除原木材料外，石材、皮革、亚麻等自然气息浓郁的材料在北欧风格中也十分常见。

白色砖墙
设计方案

　　涂以白漆的砖墙是北欧风格家居空间常见的装饰元素。白色砖墙的设计不仅简洁明快，而且能让家居空间显得宽敞明亮，砖面粗糙自然的手感和洁白的色调与北欧风格的特征相得益彰，渲染出了清新自然的家居氛围。白漆砖墙虽然极具北欧风的特色，但空旷的白墙如果不加以修饰，也会显得清冷，缺乏生机。因此可以通过悬挂照片、壁毯等方法暖化墙面空间。此外，还可以配备暖色的光源进行局部照明点缀，让整个北欧风格的空间显得温馨而优雅。

Andrey Barinov 设计

FANCY 设计

深蓝色的背景墙面搭配同色系的木作书柜，在室内色彩的明度表现上偏暗，与纯白色的顶棚、窗帘、伊姆斯餐椅、踢脚线形成鲜明的对比反差，凸显出强烈的设计感。柚木色的地面、餐桌与深蓝色的墙面颜色形成对比，两者界限清晰，视觉效果显著。绿叶植物作为北欧空间代表性的装饰元素，在深蓝色背景墙面的烘托下，更具生命力。

厨房墙面
搁板设计

北岩设计

搁板在北欧厨房墙面的运用极为常见，其结构简单、轻便，不仅有收纳作用，而且放置饰品后还具有一定装饰效果。设置搁板时应优先考虑其承重能力，尤其是放置较重物体的搁板，一般托架式、斜拉式搁板的支撑力较强，因此可以优先考虑。搁板的好处在于以其小巧的身躯可以在墙面上开辟出更大的可利用空间，可收纳，可展示，一物多用，因此是北欧风格厨房墙面设计的极佳选择。

白金里居设计

文青设计

木地板
选择要点

　　实木材质一直是贯串整个北欧风格装饰的一个经典元素，在地面用材上也是如此。干净简洁的木地板，相对于瓷砖来说，能在空间里呈现出更为直观的亲切感。大面积的铺设，清朗的色调提升了北欧家居的整体气质。由于木地板原材料来源于天然木材，因此存在一些节疤是不可避免的，但节疤的数量过多，则有可能是原材质的问题，同时也会影响地面的整体观感。

CHAPTER 3 北欧风格材料应用　　045

逅屋一舍

馥阁设计

陌上设计

自然材质的
运用

北欧得天独厚的自然环境，让其家居设计也与自然联系得极为紧密。因此从建筑设计到家居空间的设计及家具的选择，北欧风格都十分重视呈现自然的美感，以人为本的设计手法营造出温情满满、自然朴实的生活基调。北欧人善于把对自然的崇尚引入家居空间中，在设计时常用铁艺、原木、纺织品、石材等自然属性较强的材质，以纯粹、简洁的表达方式，让家居空间显得更为淳朴自然。

空间看似简约，却极为注重自然的
光、植物及机能的完美结合。极具质
感的线条和自然竹木材质，构成透光
的隔断，并呼应了吧台细节。纯天然
白色石材巧妙地和竹木隔断结合，为
客厅的一隅增加了休闲的体验。采用
块面简洁的白色椅子，避免了烦琐的
设计。黄色家居单品诙谐幽默，为空
间增加了趣味性。

尚舍设计

新澄设计

方室设计

木质装饰品
搭配

木质元素在北欧风格的家居设计中占据着重要的地位，在装饰品的运用上也是如此，其空间里可常见各种木器摆件。在饰品木材的选用上一般以简约粗犷为主，而且不会精雕细刻或者涂刷油漆，呈现出原生态的美感，与北欧风格所遵循的装饰原则相得益彰。

鸿鹄设计

谢秉恒设计

一亩绿设计

原木家具诠释
自然理念

在北欧风格的家居空间融入质朴的原木家具，不仅展现出了人和环境的和谐关系，而且还能让家居空间瞬间活泼起来。原木家具可分为纯原木家具和现代原木家具两类，纯原木家具的制作一般不会采用类似钉子的现代材质作为配件，最大限度地表现了最原始和最简朴的木材状态。

叙研设计

北欧风格
床品搭配

　　简约不仅是一种自然美，更是北欧风格家居的装饰态度。为了呼应这种美，可以为卧室床品搭配偏自然的面料，让大自然的鬼斧神工参与到设计中。比如可以利用棉麻带来的肌理感与未经雕琢的原木结合，让床品作为空间的视觉中心。简单素朴的床品使整个空间显得整齐清爽，如能适当地加以印花的点缀，则能起到增添空间活力的作用。粗中有细的设计就是北欧风格家居空间的精髓所在。

谧空间设计

好室设计

周留成设计

一亩绿设计

好室设计

装饰木梁的
设计要点

　　为了呈现回归自然的家居装饰理念，北欧风格的家居空间里往往会采用大量源于自然界的原始材料。比如在空间里加入装饰木梁的设计，可以让空间的层次感表现得更为丰富，同时呈现出内敛的自然气息。如能搭配一顶造型别致的顶灯，让光影散落在装饰木梁上，则能将空间的装饰层次提升到一个新的高度。

灰色的墙面配以浅色的原木地板，柔和
而舒适。孔雀蓝色的墙面搭配棕色的木
作家具，加强了空间对比。强烈的对比
打破了安静柔和的氛围，并带来了强烈
的视觉冲击。采用黑色的铁艺装饰架和
黑色的椅子，缓和了空间里的冲突。以
人物为主题的抽象装饰画、热闹的暖黄
色系，为家居环境增加了快乐的气息。
镜面映衬绿色植物的造景，为空间巧妙
地增添了生机。

天然石材的
运用

天然石材色泽自然，品种多样，具有古朴典雅、清新而又高贵的装饰效果。北欧风格常选用天然石材装饰家居，体现出了对大自然的追崇，而且天然石材的运用，让北欧风格的家居环境在保留经典元素的同时，显得更加温馨、舒适。需要注意的是，由于天然石材源于自然，每一块石材的花纹、色泽特征往往都会有差异，因此必须通过拼花使花纹、色泽逐步延伸、过渡，从而让石材的整体颜色、花纹呈现出和谐自然的装饰效果。

陶瓷艺术品
搭配

陶瓷艺术品在北欧风格中经常作为装饰品或者容器出现，在材质上保留了原始的质感，以表达出北欧风格家居对传统手工艺品以及天然材料的青睐。北欧风格适合搭配纯色的陶艺品作为空间的点缀装饰，虽然没有什么花纹图案，但在造型上柔和美观，简约并富有个性，而且能与北欧风的原木色家具形成很好的映衬。

kraskopulk设计

北　欧
材料运用 4

卧室中最为吸引人的要数孔雀蓝的床头背景墙，以及这幅与墙面颜色相似却又抽象合体的情侣装饰画，两者近似的配色让墙面空间显得多元而又不凌乱。玻璃镜面表现出来的光亮与细腻，与玻璃隔断如出一辙。银灰色的床盖与暖褐色的窗帘、地毯融为一体，让空间显得更加完整统一。

北鸥设计

文青设计

白金里居设计

晓安设计

壹石设计

优德室内设计

颐见设计

材料运用 5

北 欧

孔雀蓝的墙面、门板，给整个空间奠定了色彩基调。不同款式的黑色餐椅，在造型上提升了空间的现代感，在色彩上则增添了空间的高贵感。空间里的现代家具，不仅增添了北欧风格自然简约的气质，而且在色彩的搭配上也拿捏得极为巧妙。

一亩绿设计

白色涂料的
运用

　　白色涂料是北欧风格空间运用最多的材料，纯洁简单的白色就是北欧风格的基本色调，但是太多的白色会让空间显得太过乏味，因此可以选择一些装饰作为点缀，北欧风格的空间一般不会有过多的装饰，因此可以选择几幅简单的挂画，让空间呈现出一种深邃的艺术气息。此外，在以白色为基底的北欧风格空间中，如果运用原木色搭配，能给空间增加温馨自然的感觉。如果加以绿植点缀，则能增加整个北欧空间的生命力。

北鸥设计

寓子设计

谢秉恒设计

寓子设计

北鸥设计

拾隅设计

文青设计

思维空间设计

CHAPTER

北欧风格
配色设计

4北

北欧风格在空间配色上有素净明朗的特点，虽没有固定的配色标准，但都着力于打造北欧风格简单、干净的特征。黑色、白色、灰色是北欧风格最常见的色彩，黑色一般作为点缀色，而灰色和白色则会大面积使用。需要注意的是，在以黑白灰为色彩基调的空间里，应适当搭配一些亮色进行调和。比如在抱枕、窗帘、挂画等软装元素上，选择一些鲜艳的纯色单品，为室内增添一抹活力的色彩。同时，也可以搭配绿植进行点缀，使色彩搭配更富有层次感。

北欧风格
配色方案

　　北欧风格家居在颜色搭配上，主要以温馨舒适为主。如果在空间中运用多种颜色进行搭配，可以利用色彩呼应的设计手法，让整体空间的配色多元且不凌乱。此外还可以利用空间中的软装对色彩进行呼应，如搭配造型简单并且颜色与空间接近的枝形灯具，让其成为空间中的色彩指挥家，引领着纷繁的颜色，共同演奏出华丽的乐章。

思维空间设计

寓子设计

陌上设计

北　　　欧
配色设计 **1**

在北欧风格的居室空间中，要想表现其年轻、活泼的室内氛围，一般选用色相明快的、饱和度高的色彩。碧蓝色的沙发背景墙正是最理想的选择。30% 灰色的墙面与纯白色的木作门套搭配，可创造出北欧空间中独有的简洁优雅感。纯白色的家具与原木色地板在北欧风格中最为常见，两者的搭配完美营造现代、舒适的室内氛围。

仕合设计

明快的
浅色系搭配

　　北欧风格的家居空间不需要过多的颜色装饰，也不需要抢眼的色彩设计，搭配浅色系就可以营造出一种淡泊、优雅的感觉，并且能给人一种平和恬静的美感。北欧风格空间中的浅色系运用包括白色、灰色、原木色等，不仅干净明快，而且还能起到舒缓心情的作用，同时也体现出了北欧风格家居朴素简约的生活理念。

陌上设计

Denis Krasikov 设计

库玛设计

禄本设计

Denis Krasikov 设计

其间设计

馥阁设计－A

其间设计

青云居设计

双宝设计

双宝设计

双宝设计

寓子设计

尼高设计

白色的墙和顶面配以白色的家具和床品，构成了一个无色的纯净空间。擅用浅色自然系的木纹，能够增加空间的舒适和温馨感，并能体现北欧风格注重自然的特色。阳光透过白色百叶窗洋洋洒洒地为空间施以温柔。自然原木衬托白色背景，明亮的鲜果绿搭配柠檬黄，快乐而丰富。缤纷的漫画图案增加了空间的趣味性，幽默且诙谐。

伏见设计

思维空间设计

馥阁设计

双宝设计

上上国际

新澄设计

上上国际

自然清新的
原木色

热衷于搭配原木色的北欧风格家居虽然没有那么热烈，但却能给人带来清新的感觉，并且富有优雅的格调。由于连续大面积的原木色很难把握，因此一般作为点缀色使用，如原木家具、木地板及由木质打造的软装饰品等。加上原木本身所具有的清香，为北欧风格的家居空间营造出了更为温润舒适的氛围。

一亩集设计

鹏宇设计

青云居设计

原木色及黑白灰的搭配，可以说是北欧风格最基础也是最经典的色彩搭配了。素雅之间流露着简单自然，优雅之外又兼具时尚与高端。以木作装饰墙面，搭配原木色地板展现出了安宁和质感。黑色的三人沙发、灰色的茶几以及黄昏蓝色布墩的搭配，拉开了空间的层次。黑白色条纹地毯贯穿了纯色的空间，从而增加了空间的律动感。墙面牛头壁灯的装饰，显得俏皮可爱。

北鸥设计

南舍空间设计

一亩绿设计

在地设计

气质低调的
灰色系

  沉稳而不呆板的灰色总能为生活增添一丝柔和而安静的情调，在北欧风格的家居空间里，以不同层次的灰色为主色调，再搭配简单朴素的软装饰品，打破单一性的同时，也丰富了空间的层次，增添了质感。灰色是一种中间色，不仅能给人以静谧平和的感受，而且还是经久不衰、最耐看的颜色，因此不妨尝试运用灰色系作为家居空间的配色主轴，以诠释出北欧风格的优雅气质。

壹石设计

周留成设计

谧空间设计

美有千万种的定义，这个空间的美在
于色调的完美衔接。素雅的白色调，
铺设出了清新的气氛。原木色的地板
与黑色吊灯的搭配手法，也令空间的
视觉感进退有度。酒红色、亮黄色及
绿豆灰色单椅的撞色，为空间带入了
跳跃与活力的气息。空间及家具简单
的线条造型，都有着删繁就简但又不
失大方雅观的气质。

北鸥设计

鸿鹄设计

好室设计

新澄设计

北欧风格的家居空间，以浅枫木色为家具的主体色调，搭配上明度高的明黄色与水蓝色，在视觉上产生了点缀空间的效果。同时配合蓝灰拼色的菱形几何地毯，在色彩上呼应单椅的颜色，同时又呼应了单椅的几何造型，成为了空间中色彩及纹样的点睛之笔，并且达到了凝聚视觉中心的效果。

局部高纯度
色彩运用

在局部运用高纯度色彩作为点缀色是北欧风格家居常见的一种色彩搭配方案。如在以浅色为背景墙的客厅空间，仅仅使用原木色作为搭配，往往突显不出色彩的特色，这时可以选用色彩鲜艳的家具或饰品进行搭配，以增加空间的层次感和亮度。此外，在以黑白灰为主色调的空间里，可以利用各种色调鲜艳的装饰挂件或挂画进行点缀，烘托出北欧风格在色彩的表现上简单又不单调的独特气质。

辰佑设计

陌上设计

Denis Krasikov 设计

思维空间设计

本空设计

辰佑设计

云行空间设计

北岩设计

北欧设计

钟莉设计

Susanna Vento 设计

单一色彩的
床品设计

　　北欧风格的卧室中常常采用单一色彩的床品，多以白色、灰色等色彩来呼应空间中大量的白墙和原木色家具，让整体空间形成很好的融合感。如果觉得纯色的床品比较单调乏味，则可以搭配简单几何纹样的淡色面料来做点缀，让北欧风格的卧室空间显得更为活泼生动一些。

家语设计

北岩设计

寓子设计

北欧风格
同色系搭配

独特的地理环境，让北欧人更喜欢浅淡的家居氛围。为了提升家居的光亮度及避免凌乱的感觉，北欧风格通常会采用同色系的搭配手法，如在主会客区沙发的布艺采用同色化设计，简约自然的空间色彩，犹如描绘出了一幅充满自由和生机的画卷。此外，在浅色系的空间里，搭配深色作为点缀，可以起到稳定空间的作用。

周留成设计

御见设计

画时代设计

壹方设计

北 欧
配色设计 6

鲜艳的玫瑰粉、活力橙、绿松石三色，
是女性化北欧风格的首选色彩，由于三
个颜色的纯度高，因此在空间里以小面
积点缀为宜，面积虽小，但装饰效果强
烈。空间中大面积的色彩与纯白色的墙
面、原木色小圆茶几搭配相得益彰，同
色框架的深灰色布艺沙发、暖白色窗帘
保留了北欧风格一贯的造型及色彩。

北欧家居中的
点缀色运用

因北欧地区会出现极夜的现象，一年中会有很长的时间处在黑暗之中，所以白色成为了北欧风格的主流色。在白色背景的空间中，家具和装饰品点缀就成了主角，如沙发和地毯用灰色系搭配，能让空间色彩显得更加稳重协调。还可以适当地点缀一些亮色，使空间更加活泼生动。此外，利用绿色的仙人掌、吊兰、多肉植物使空间看起来充满了生机。

优思建筑

冷元宝设计

寓子设计

一米家居

Susanna Vento 设计

寓子设计

Susanna Vento 设计

TK 设计

MarinaDonskikh 设计

壹方设计

大也国际设计

北鸥设计

寓子设计

白金里居设计

晓安设计

北　欧
配色设计 7

整个空间以象牙白作为环境背景色，除此之外，餐椅、花纹搭毯、棉质靠包、饮品及鲜艳的迎春花艺，都有或多或少的黄色元素参与，多种材质在配色上达成的统一，可以使整体空间在视觉上显得更为完整美观。

北欧家居中的
米白色运用

　　米白色是介于驼色和白色之间的一种色彩，它具有驼色的优雅大气，但又比驼色多了几分清爽宜人。在北欧风格的家居空间中，米白色的运用十分常见，其不仅拥有白色的纯净与浪漫，而且又不会让人觉得单调、清冷，因此更容易让人接受。除此之外，米白色的色彩表现较为柔和，因此能更好地与家居中所出现的其他元素形成融洽的搭配。

久栖设计

谢秉恒设计

CHAPTER

北欧风格
软装陈设

北欧风格的软装具有自然、简约的特点，加上合理的陈设设计，能使室内环境产生富有北欧特色的气息。在北欧风格的空间里，无论是家具、布艺或者装饰品，都偏爱使用天然材料，整体呈现出自然素朴的风格特征。由于北欧风格秉承一切从简的空间设计原则，因此在进行软装搭配时，要把控好软装元素的体积大小、色彩搭配、造型结构及陈设数量等问题。

北欧风格的
家具特点

北欧风格家具以低矮简约的造型为主，在装饰设计上一般不使用雕花、人工纹饰，呈现出简洁、实用及贴近自然等特征。此外，还会将各种实用的功能融入简单的造型之中，从人体工程学角度进行考量与设计，强调家具与人体接触的曲线准确吻合，因此，不仅使用起来舒服惬意，而且还展现出了北欧风格淡雅、纯粹的韵味与美感。

北岩设计

优德室内设计

北岩设计

北欧风格
家具类型划分

北欧家具于传统文化中流露着简洁、务实的设计理念，并且还呈现出了质朴、理性的气质。从家具的形式上可以将北欧家具分为纯北欧家具、改良后的新北欧家具以及充满时代感的现代北欧家具。而在家具的设计风格上，则可以分为瑞典设计、挪威设计、芬兰设计、丹麦设计等，每种设计风格都有着独特的个性。

境象设计

周眉成设计

好室设计

潘凯文设计

壹方设计

马非空间设计

谦禾空间设计

北欧风格
厨房设计重点

北欧风格的空间设计，需秉承一切从简的设计理念，其厨房空间的设计也是如此。北欧风格厨房内的橱柜不能过大，以免影响人的活动，给烹饪过程带来不便。因此可以选择紧凑型的橱柜，并且可以根据需要进行组合设计，从而达到节省空间的效果。此外，还可以将橱柜的部分区域设计成开放的形式，以方便取放使用频率高的物品。

好室设计

壹方设计

MENU
FAST FOOD
Coffee

庆于计设计

北欧软装陈设 1

虚实结合的白色装饰柜，采用错落有致的做法，放置不同大小的物件，显得生动有趣。墙面咖啡主题的写实壁画，营造出了轻松惬意的用餐环境。深咖色木作配以橘色的皮椅，产生了增加食欲的效果。结合咖啡的壁画主题，增加了木作隔板，放置咖啡陈设，形成了虚实结合的效果，创意十足。

利用软装
分隔室内空间

北欧风格的家居空间结构一般较为简单，而且为了能够让光线顺利传播，不会设置太多的实体墙，而是利用软装作为功能区之间的隔断，如在客厅与餐厅之间，放置一张矮柜，除了在视觉上隔开客厅、餐厅，矮柜还有着收纳的功能。此外，还可以利用家具作为家居空间的隔断，不仅可以让空间的整体格局变得更加简单清晰，而且还能在很大程度上提升空间的利用率。具备隔断功能的家具有很多，如衣柜、置物柜，沙发及书柜等。

寓子设计

一亩绿设计

文青设计

北鸥设计

北欧风格
过道地毯搭配

在北欧风格的家居空间里，如果过道过于狭长，可以选择搭配带条纹装饰的地毯，不仅可以缓解北欧风格空间所带来的单调和清冷感，同时在视觉上也很好地起到了指引路线的作用。在材质上可选择使用粗犷的生羊毛地毯，虽然赤裸双足可能会感觉到些微粗糙，但也有一种能和羊毛本身油脂充分接触的快感。

简单清新的空间，采用线条简洁但是注重舒适度的家具。空间装饰以几何图案为主题，运用在地毯和抱枕上。黄色与蓝灰色的对比，以及黑色与白色的对比，打破了空间的单调感。沙发背景以文字、水果、动物元素来装饰，自然且随意。壁灯巧妙地和空间融为一体，打造出了富有层次的灯光，而且恰到好处地装点了空间。

庆于计设计

多色地毯
搭配技法

恰当的色彩组合能够活跃整个空间，成为房间布置的点睛之笔。多色拼接的地毯可以是和谐的相近色搭配，也可以是富于张力的对比色撞接。多色地毯尤其适合客厅、过道等公共区域的铺设，需要注意的是铺设面积不宜太广，以免造成凌乱的感觉。此外，地毯上的色块适当地与家具、地板及软装的配色在视觉上形成互动，可以让家居空间显得更为理性和谐。

知域设计

周留成设计

冷元宝设计

北岩设计

壹方设计

麋鹿头墙饰的
运用

　　麋鹿头墙饰是北欧风格家居的经典代表，20世纪，打猎运动风靡欧洲，人们喜欢把打猎来的动物制成标本，挂在客厅，以向客人展示自己的能力、勇气和打猎技术，因此麋鹿头是北欧风格家居装饰中非常常见的装饰元素。如今国家提倡保护动物，麋鹿头墙饰多是以铜、铁等金属或木质、树脂为材料的工艺品。

寓子设计

辰佑设计

辰佑设计

辰佑设计

文青设计

北 欧
软装陈设 **3**

这个空间以线条简洁的现代家具，配合着传统气息的文化石及椴木块构成，显得时尚而沉稳。壁炉上方的鹿头及靠背单椅上的皮革衬布，体现着主人的品质生活。整体空间的色彩强调了黑、白、灰之间的搭配，并且通过原木色顶梁、地板和边柜呼应了空间主题，展现出一个具有现代气息的北欧风格空间。

北欧风格
装饰画搭配

北欧风格的家居装饰以简约著称，不仅有回归自然、崇尚原木的韵味，也有与时俱进的时尚艺术感。在装饰画的选择上也应符合这个原则，最常见的是搭配充满现代抽象感的画作，内容可以是字母、马头形状或者人像，再配以简而细的画框，完美地营造出了自然清新的家居氛围。需要注意的是，北欧风格的家居装饰注重整体空间的留白，因此装饰画的数量应少而精。

凡尘壹品

TK 设计

kraskopulk设计

陌上设计

尼高设计

在地设计

THIS KITCHEN IS FOR DANCING

北欧家居中的
绿植元素

　　绿植是北欧风格家居中不可或缺的点缀饰品之一，将其与空间中的白色形成搭配，可以让空间显得清新自然。绿色与白色的组合运用，丰富了空间里色彩的层次，而且也不会显得杂乱。而且绿色与北欧家居中的原木色也能形成十分协调的搭配，如果说蓝白色的组合让人如同置身在天空和海洋中，那么绿白配以原木色则能营造出如同森林深处的静谧祥和。

北欧风格
卧室软装设计

在以灰色为主的北欧风格的卧室空间，搭配温暖而舒适的纯棉家纺，可以营造出无比温馨的氛围。再搭配随意、自然摆放的白色单椅，还能给空间制造出干净自在的舒适感。如果需要凸显床头柜及床头灯饰的视觉装饰效果，可以选用与墙面色彩形成反差的颜色，不仅可以在卧室空间制造出视觉焦点，还能让空间装饰显得更加多样。

尼高设计

潘凯文设计

北欧风格
卧室地毯搭配

单色地毯能为北欧风格的卧室空间带来纯朴、安宁的感觉。例如纯灰色的织物地毯能很好地融入黑白灰色调的北欧家居环境中，并为空间提供一个朴实柔和的界面。此外，对于北欧风格来说，浅色地毯也是一个不错的选择，不仅可与白色墙面在视觉上取得协调，而且还能与黑灰系的家具构成视觉对比。同时，干净清爽的色调更有利于烘托出地毯表面暖洋洋的材料质感。

大气庄重的灰蓝色墙面，点缀以玫瑰金色壁灯，让空间显得大气而时尚。简洁大方的浅灰色现代沙发，运用靠包图案的变化，为空间带来了别样的视觉点缀。不规则的原石茶几搭配自然泼墨桌面，轻松地成为了空间中的装饰焦点。

北欧风格
抱枕设计

北欧风格的空间比较简洁，没有太多的装饰元素，因此可以搭配色彩比较鲜明的抱枕来点缀空间，在挑选抱枕时，可以选用色彩、纹样相对较为丰富的款式。但注意不要过度夸张，以免喧宾夺主。材质上以棉麻、针织及丝绒等材质居多，在造型上大多为正方形或者长方形，不带任何边饰。

TK 设计

陌上设计

装饰挂盘
搭配方案

除了简约留白的装饰挂画外，墙面装饰挂盘也能表现出北欧风格崇尚简洁、自然的特点。在挂盘的色彩上，可以选择简洁的白底搭配海蓝的组合，能为空间制造出清新纯净的视觉感受。此外，还可以将麋鹿图样的组合挂盘，有序地挂置于需要装饰的墙面上，为家居空间增添一股迷人的神秘色彩。

kraskopulk 设计

青云居设计

北欧风格
窗帘设计

清新明亮是北欧风格的空间特点，因此其窗帘的搭配一般不会使用过于繁复的图案，简单的线条和色块是北欧风最直接的写照。白色、灰色系的窗帘是百搭款，简单又清新，只要搭配得宜就能带来很好的装饰效果。若窗帘的颜色能与墙面、床、地面等房间内占较大比例的颜色相接近，还可以增加整体空间的融合效果。

MarinaDonskikh 设计

拾隅设计

北欧风格
花艺搭配

在北欧风格的居室当中，同低饱和度色彩的花束以及绿植都是完美的组合。花器基本上以玻璃和陶瓷材质为主，偶尔会出现金属材质或者木质的花器。花器的造型基本呈几何形，如立方体、圆柱体、倒圆锥体或者不规则体等。真正适合北欧风格的花艺装饰应该是融入整个家庭环境中的，不浮夸不跳脱，追求与自然高度共存。

北鸥设计

原石设计

一亩绿设计

北鸥设计

鑫屋设计

一亩绿设计

北鸥设计

孔雀蓝色的背景墙，无疑是空间
的亮点。纯铜酒车上的大花惠兰
仿真瓶插，将墙面的色彩突显得
更为高贵。亮白色梳背式温莎椅
配合黑色杆状伊姆斯餐椅，看似
不相干的两件家具，在环境色
彩的影响下，巧妙地融入空间，
营造出一个极具现代感的餐厅
空间。

北欧风格
照片墙设计

　　除了装饰画外，照片墙也是北欧风格家居常见的墙面装饰，其轻松、灵动的身姿可以为空间带来奇妙的律动感。北欧风格的照片墙、相框往往采用木质制作，因此能和质朴天然的风格特征形成统一。照片墙内容应以自然清新的题材为主，如动物、植物及自然风景等。

力设计

青云居设计

落地灯的
搭配与运用

MarinaDonskikh 设计

峰峰设计

落地灯的照射范围不讲究全面性，但是强调移动的便利性，因此常作为北欧家居的局部照明。落地灯一般布置在客厅或者休息区域里，并与沙发、茶几配合使用，以满足房间局部照明和点缀装饰家庭环境的需求，合理的摆设不仅能起到很好的照明作用，还能为北欧风格的家居空间营造出温馨的气氛。需要注意的是，落地灯不能置放在高大家具旁或需要经常走动的区域内。

文青设计

文青设计

北欧空间中的
自然元素

贴近自然是北欧风格家居装饰的一大特色，因此可以选择搭配一些手工艺编织的地毯和手工箩筐，以体现北欧当地的特色与人文之美。在绿植搭配上，随意采摘几朵棉花、几支野草都可以成为北欧风格家居的插花艺术。此外，还可以随意采摘一些植物的叶片制成标本，再用镜框裱起来，然后挂在墙面上，这也是非常不错的装饰手法，不仅花费少，而且装饰效果极为突出。

谧空间设计

北欧建筑设计

DE 设计

陌上设计

北欧风格
餐桌摆饰重点

　　北欧风格的餐桌摆饰对装饰材料以及色彩的质感要求较高，总体设计应以简洁、实用为主。餐桌上的装饰物可选用陶瓷、金属、绿植等元素，且线条要简约流畅，以体现出北欧风格的空间特色。北欧风格餐具的材质包括玻璃、陶瓷等，造型上简洁并以单色为主，餐具的色彩一般不会超过三种，常见原木色或黑白色组合搭配。

Susanna Vento 设计

精成空间设计

南舍空间设计

DE 设计

菲拉设计

尼高设计

北岩设计

设计

HEY 设计

大面积的水粉色墙面，给人一种甜腻的
视觉感受，纯色的油蜡皮沙发配以枫木
色茶几、边柜，让整个空间弥漫着粉嫩
温馨的气息。深褐色圆形靠包及黑色陶
瓷饰品，作为客厅的深色点缀，压住了
粉色所带来的轻飘感。米白色的手编地
毯、毛绒靠包，让空间瞬间清爽起来。

力设计

北欧风格
餐厅灯饰搭配

在餐厅的餐桌上方选择搭配极富设计创意的吊灯，不仅能够提供艺术性装饰，而且也满足了餐厅空间的照明需求。在灯具的颜色上，可以选择搭配黄色，不仅能起到增进食欲的作用，而且还可以作为点缀色点亮空间。除此之外，可以在餐桌上选择绿植作为装饰，让其与灯饰形成呼应，从而起到加强餐厅色彩互动的作用。

TK 设计

文青设计

一米家居

和薪设计

钟莉设计

凡尘壹品

谢秉恒设计

拉菲设计

南邑设计

北欧风格
地毯设计

地毯能为北欧风格的家居空间带来温暖舒适的感觉。造型简约、色彩朴素的地毯更适用于北欧风格中，简单的设计加上朴素的色彩搭配，完美地表达出了北欧风格独特的空间气质。北欧风格的地毯有很多选择，以苏格兰格子、圆形图案为主的地毯较为多见。黑色或白色的搭配也是北欧风格地毯经常会使用到的配色方式。同时，一些图案简约、线条感强的地毯也可以起到很好的装饰效果。

凡尘壹品

DE 设计

潘凯文设计

库玛设计

DRF Residence 设计

杨满云设计

文青设计

北　欧
软装陈设 7

白墙上安装了双层原木质感的隔板，并且采用了植物装饰画、风景摄影、人物照片等相对多元的画面作为墙面的装饰点缀。在隔板的下层则放了体积较大的皮包及收纳盒作为视觉平衡的画面配重，避免了头重脚轻的感觉。在细节方面，还放置了许多精选的书籍和玻璃花器来点缀其中。

北欧风格
厨房设计重点

壹方设计

北欧风格家居环境的营造虽然简单朴素，而且成本较低，但仍然可以搭配出非常不错的效果。

比如可以在不经装饰的原木餐桌上垫上餐巾，呈现出自然精致的装饰效果。此外，还可以在北欧风格的餐厅里搭配温莎椅，不仅能在空间里形成视觉焦点，而且还为餐厅空间增添了时尚简约的装饰格调，如能再搭配玻璃器皿以及绿植的点缀，还可以使餐厅环境瞬间清新自然起来。

好室设计

北欧风格
餐厅软装陈设

餐厅软装陈设的主要功能是烘托就餐环境的气氛。餐桌、边柜甚至墙面搁板上都是摆设饰品的好地方。对于北欧风格来说，陶瓷花器、玻璃花器、绿植盆栽以及一些创意铁艺小酒架等都是不错的饰品搭配。餐厅中的软装摆件成组摆放时，可以考虑与空间中的局部硬装形成呼应，以递进式的设计手法，增强空间的视觉层次。

Denis Krasikov 设计

鸿鹄设计

双宝设计

大也设计

这个空间是黑、白、灰、木色搭配蓝、绿色点缀的配色技巧，这也是北欧风格中常见的配色技巧。组合式的照片墙通过黑色画框与蓝绿色的相互穿插，形成了一个互相关联的画面。沙发上的抱枕和皮毛毯子调节了色彩比例。藤制的箩筐以及手工编织的织物，同样是北欧风格的重要特点，还有绿色的植物在旁边增加了生机。

北欧风格
餐厅壁饰搭配

北欧的手工艺品是非常精致的，并且常作为饰品点缀在餐厅空间的墙面上，以自然精致的造型营造出一种新奇的视觉体验。北欧风格的餐桌一般以原木材质为主，因此可以为其搭配一些其他材质的饰品摆件，不仅可以让餐桌的桌面装饰更加丰富，而且给人一种充实丰盛的感觉。还可以为北欧风格的餐厅空间搭配一盏玻璃材质的吊灯，不仅能满足用餐时的照明需求，还能让用餐环境显得更加通透明亮。

周留成设计